建故宫

周 乾 著　崔彦斌 绘

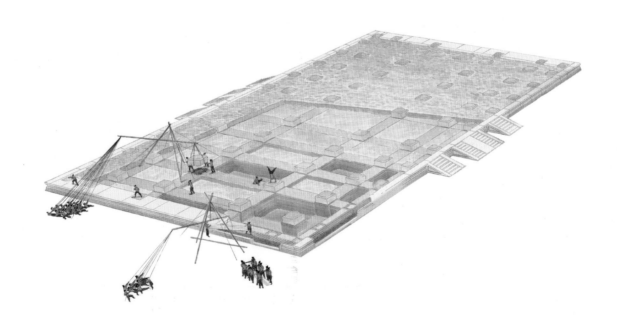

北京科学技术出版社
100 层童书馆

元朝时期，皇帝在大都（今北京）修建了一座宏伟的宫殿。
后来，明朝的朱棣皇帝登基后，下令拆除了元朝皇宫，
因为他要在这片土地上建造一座规模更大、更宏伟的宫殿。

全国的能工巧匠从四面八方赶来，开始了这项浩大的工程。

历经十多年，一座雄伟壮丽的皇宫拔地而起。

它就是紫禁城，也就是今天的故宫。

建造之初，为了让皇帝早日迁入新居，工匠们要先拆除元朝宫殿，
然后在元朝宫殿的基础上建造新宫殿。
纯灰土地基比较松软，如果直接在上面建造规模宏大的宫殿，
可能会导致宫殿下沉量过大。

于是，工匠们想出了一个好办法：先在地面上挖一个巨大的坑，
再用碎砖、灰土等材料，一层一层地填平大坑，为宫殿打下坚实的地基。
宫殿越重要，地基越深。
故宫最重要的宫殿——太和殿地基的深度超过了16米，
具体多深呢？我们至今仍然不知道。

故宫的地基一般由灰土层和碎砖层交替夯实而成，
因此也被称为千层饼地基。

灰土
由生石灰与黄土按3∶7的比例混合而成，
其中掺有黏合剂——糯米汁。

碎砖
弥补了纯灰土质地较软的不足，和纯灰
土交替使用，防止建筑下沉量过大。

砖层

块石层

灰土与碎砖交替层

横木层

黏土层

木桩层

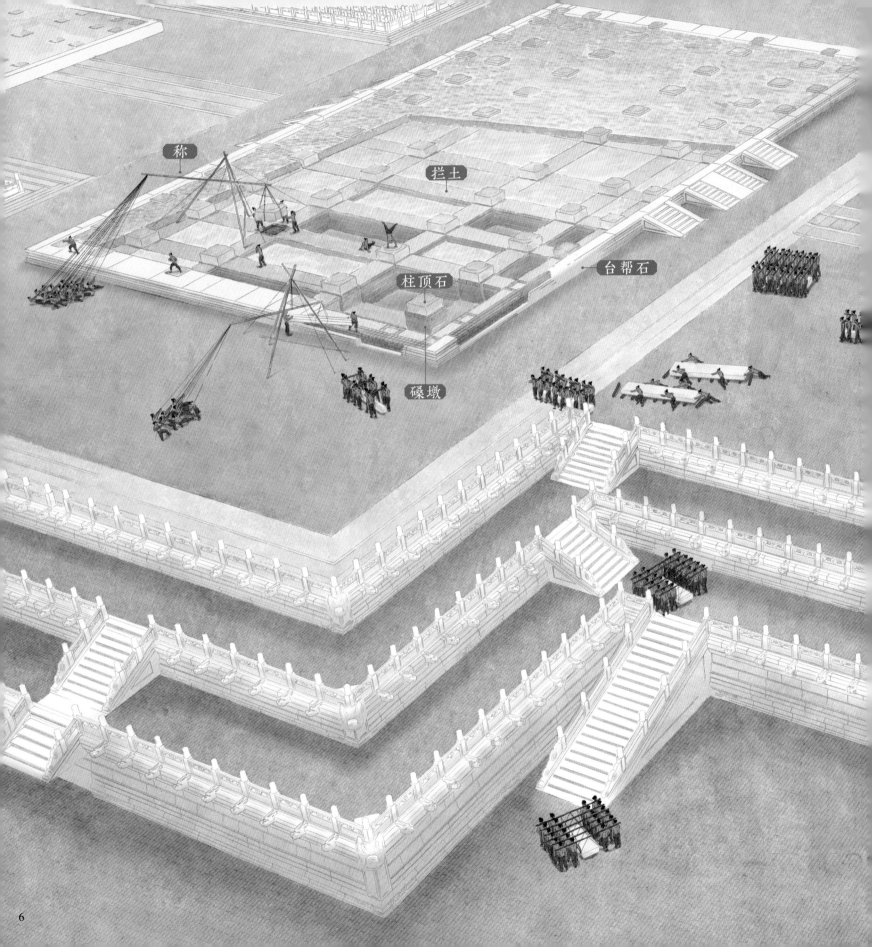

称

拦土

柱顶石

台帮石

碌墩

打好地基后，不能直接在地基上建造宫殿，要先修建台基。
台基能避免宫殿与地基直接接触，不仅有利于防潮和排水，
还能让宫殿显得更加高大和威严。
故宫中宫殿台基的高度多为1~2米，
其中最重要的三大殿——太和殿、中和殿、保和殿的台基高达8.13米，
相当于三层楼高！

█ 栏板
可防止人员跌落。

█ 望柱
连接栏板的短立柱，还能作为
装饰。

█ 排水兽
下雨时，落在台基上的雨水会
从龙嘴中排出，形成"千龙吐
水"的壮观场景。

古建筑专家曾经做过一个实验，

证明三大殿即使面对"十级"地震，也能做到"墙倒屋不塌"。

其中起重要作用的木构件之一就是粗大的立柱。

立柱主要用来承受建筑顶部的重量。你是不是认为，立柱要插入地下才更稳固呢？

恰恰相反。地下很潮湿，木制的立柱埋在地下时间长了，很容易腐烂。

而且，一旦遇到地震，底部被固定的立柱也很容易断裂。

所以，工匠们把立柱直接放在一块叫柱顶石的大石头上，

让立柱保持通风、干燥，这样立柱才不易腐烂。

地震时，立柱会随着大地的震动在柱顶石上左右移动，却不会断裂。

这种工艺叫作平摆浮搁。

平摆浮搁　　　插入地下

地震时，不同立柱的受力情况

这些结实的立柱被一根根横梁紧密地连接到一起。

工匠们还在横梁之上立起短一点儿的瓜柱。

瓜柱之间以更短的横梁连接……

就这样，建筑被建造得又高又稳。

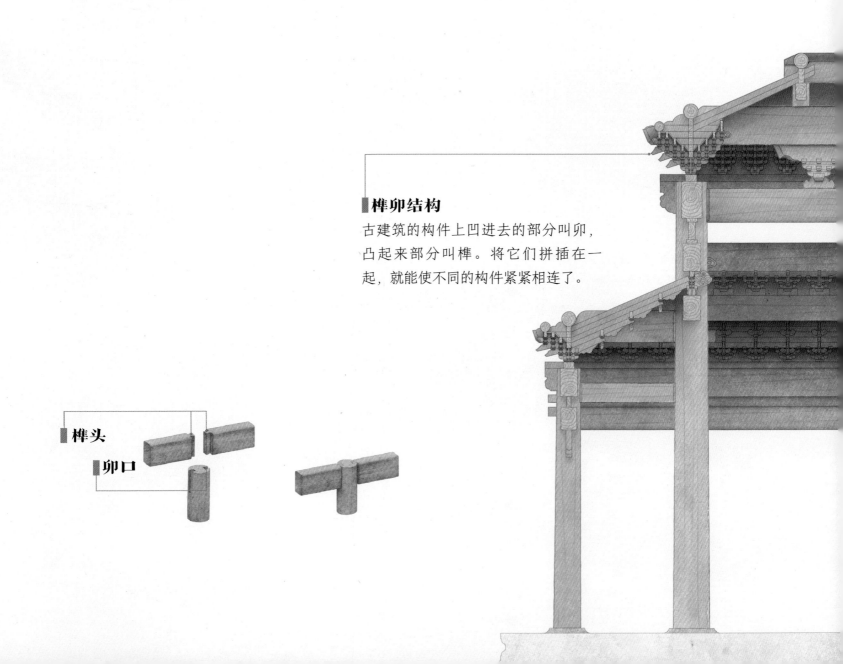

▌榫卯结构

古建筑的构件上凹进去的部分叫卯，凸起来部分叫榫。将它们拼插在一起，就能使不同的构件紧紧相连了。

▌**榫头**

▌**卯口**

▌椽(chuán)子

▌脊桩

▌望板

承托瓦片和瓦片下的铺瓦泥。

▌正脊

前后斜屋面相交
处的水平屋脊。

▌戗(qiàng)脊

斜向的屋脊。

故宫中建筑的屋顶既美观又实用。

优雅的屋面就像一座滑梯，可以迅速排走雨水，让屋顶保持干爽。

翘起的屋檐能让更多的阳光照进室内。

根据屋面的弧度，还能判断出建筑的等级。

通常等级较高的建筑，屋面弧度较大，坡度较陡，给人一种威严感；

而等级较低的建筑，屋面弧度较小，坡度较缓，给人一种柔美感。

确定屋面弧度

铺瓦时，人们在会屋脊和屋檐处各钉一颗钉子，再用一根长绳将它们连接在一起。绳子自然下垂，就会形成一条弧线，工匠就通过这条线确定屋面的弧度。

翼角

屋檐的转角。

■ 磨砖对缝

把长方体的墙砖砍磨成梯形体，面积较大的底面冲外，这样墙体外侧砖与砖之间可以紧紧贴牢，内侧则用灰浆填补空隙，粘牢砖块。砌筑完成后，还要用磨石将砖面磨平。

■ 透风

外墙上镂空的砖雕，通常竖直方向上有两块。有利于柱子与墙体间的空气流通，可防止柱子受潮腐烂。

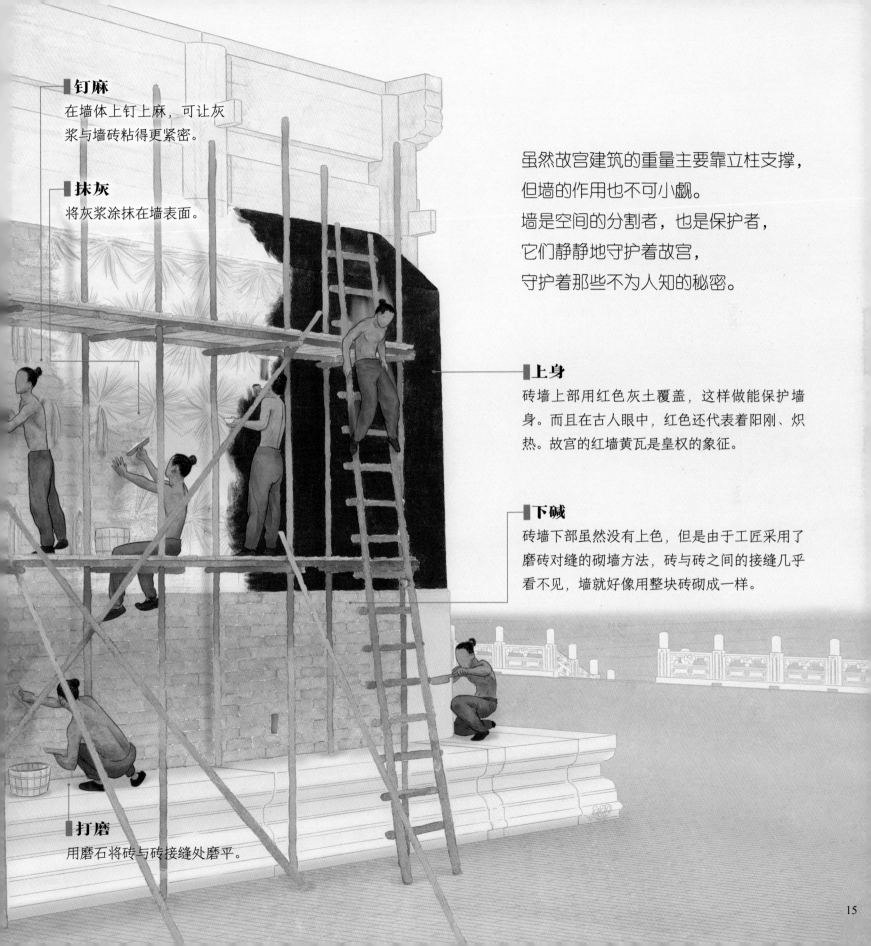

钉麻

在墙体上钉上麻，可让灰浆与墙砖粘得更紧密。

抹灰

将灰浆涂抹在墙表面。

打磨

用磨石将砖与砖接缝处磨平。

虽然故宫建筑的重量主要靠立柱支撑，但墙的作用也不可小觑。

墙是空间的分割者，也是保护者，它们静静地守护着故宫，守护着那些不为人知的秘密。

上身

砖墙上部用红色灰土覆盖，这样做能保护墙身。而且在古人眼中，红色还代表着阳刚、炽热。故宫的红墙黄瓦是皇权的象征。

下碱

砖墙下部虽然没有上色，但是由于工匠采用了磨砖对缝的砌墙方法，砖与砖之间的接缝几乎看不见，墙就好像用整块砖砌成一样。

在太和殿等重要宫殿内，你可以看到地上铺着光滑如镜的墨色地砖。

即使过了六百多年，这些地砖依然光亮如新。

这些砖和今天常见的瓷砖可不一样， 它们是来自苏州的特制砖——金砖。

之所以叫金砖并不是因为它们是用金子做的，

而是因为它们制作工艺极其复杂，造价十分昂贵，

并且敲起来能发出金属一样的声音。

金砖实在太珍贵了，即使在故宫中，也不是所有宫殿都能使用。

而一般室外铺的都是普通方砖。

故宫的门也是用榫卯结构连接而成的。
将门轴插入门框上下预留的洞中，
一扇门就安装好了。

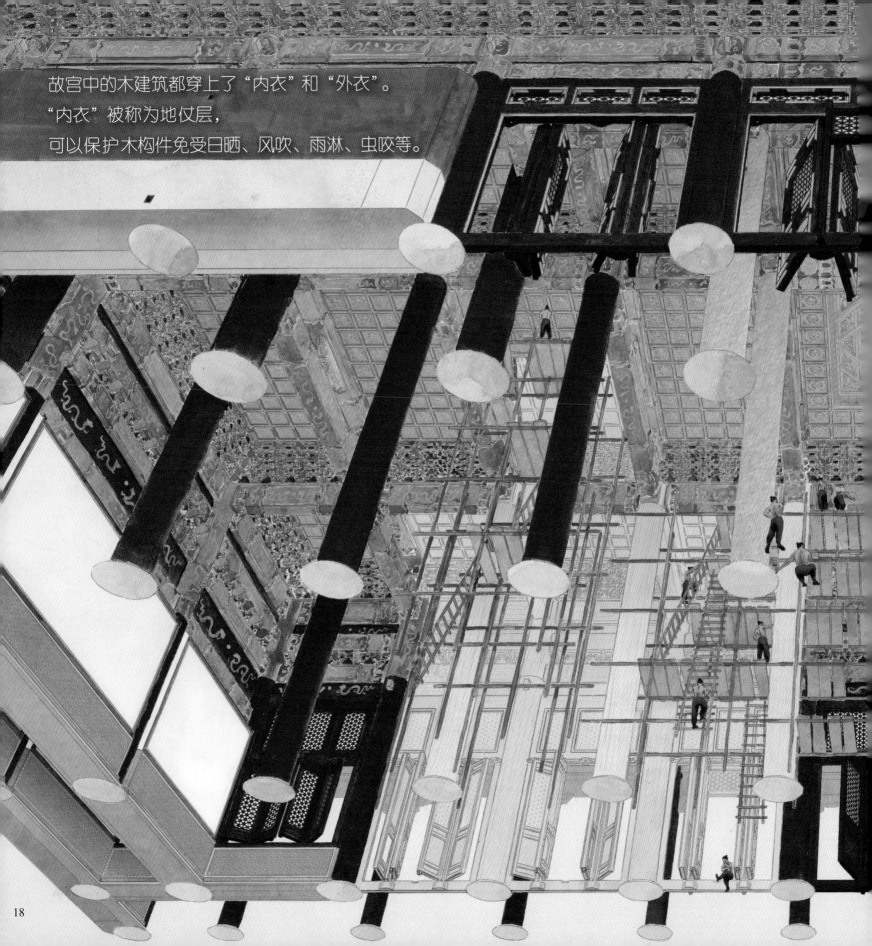

故宫中的木建筑都穿上了"内衣"和"外衣"。
"内衣"被称为地仗层，
可以保护木构件免受日晒、风吹、雨淋、虫咬等。

"外衣"就是涂在地仗层之外的油漆层，
可以只用红色颜料单色涂刷，
也可以用各种颜料绘制出漂亮的图案。

太和殿龙纹天花

太和殿是皇帝举行登基大典等重要仪式的场所，
也是整个故宫中最重要、最精美的宫殿。
大殿中间有一座七级台阶的高台，
金灿灿的龙椅静静地安放在那里，
龙椅的靠背和扶手上都雕满了象征帝王的云龙纹。
龙椅背后有一面金灿灿的屏风，上面同样雕满了云龙纹。
龙椅周围还围着六根金柱，柱子下部绘有海水江崖纹，
汹涌的海浪拍打着礁石，激起层层浪花。柱子上还缠绕着巨龙，
每条龙昂首张口，好似正准备冲出江海，直上云霄。
虽然这些宝座、屏风、金柱看起来像是用黄金做的，
但实际上，它们是用非常珍贵的木材做的，
外面贴了金箔，所以看起来金光闪闪的。

香亭
可用来燃香。

铜鹤
象征长寿。

宝象
"象"是"祥"的谐音。象身上驮宝瓶，有"太平有象"的吉祥寓意。

甪(lù)端
传说中的一种神兽，身在宝座而通晓天下事。中空的腹中可以放入香料，云雾会从其口中冉冉升腾。

纸

苎麻布

纸

①涂刷糨糊
用中药制成的药水
加入糨糊中，可以
起到防虫的作用。

②糊底纸
在两张纸中间夹上
一层苎麻布，制作
成坚韧的底纸，裱
糊在墙上。

③再次糊底纸

④撒鱼鳞
把纸裁成细
条，一层一层
地糊在纸张相
交的褶皱处。

⑤盖面
最后糊一遍
纸，让表面
美观整洁。

屋内高高的顶棚和冷硬的墙面，也要用纸和绢糊起来，
不仅防寒保暖，还能减少灰尘的掉落。
纸和绢还被精心地糊在门窗的内侧，
不仅能遮风挡雨，保护隐私，
还具有透光性，使得室内光线柔和而温馨。

看！气势磅礴的太和殿终于屹立在众人眼前。

正吻

这个背后插着一把宝剑、张着大嘴咬住正脊边缘的龙头构件，叫作正吻。传说龙可以吐水灭火，人们为了不让龙飞走，在它背后插了一把宝剑。这个构件一般位于建筑的最高点，不仅能让建筑看起来更加威严、灵动，还能加固屋脊的连接处。

底瓦

两边上翘，铺的时候上层瓦压住下层瓦，防止雨水渗入。

铺瓦泥

可密封接缝处。

盖瓦

竹筒状，盖在相邻的两列底瓦相邻处。

猫头

起遮挡作用，可防止雨水渗入。

▌宝匣

古代工匠在故宫建筑的屋顶正脊快要完工时，会在中间留一个口子——龙口，里面放上装有金银珠宝、经书等物品的宝匣，以祈求建筑长久稳固。然后，工匠再将口子封住。

▌屋脊兽

为了防止瓦片滑落伤人，屋脊末端的瓦片会被钉子固定。钉子直接露在外面，既不好看，又容易生锈，所以人们就为这些钉子盖上了瑞兽形状的"帽子"——屋脊兽。通常建筑的等级越高，屋脊兽的数量越多。太和殿屋脊兽的数量是故宫建筑中最多的，有整整十个！它们整整齐齐地排列在骑凤仙人的后面。

行什	斗牛	狮豸	押鱼	狻猊	海马	天马	狮子	凤	龙
防雷	灭火防灾	护卫皇权	灭火防灾	护卫帝王平安	护卫帝王的海中战神	护卫帝王的天空战神	护卫皇权	代表后妃	代表帝王

■内金水河

流经故宫太和门前的
一条河，不仅能美化
环境，而且能起到防
火、排水的功能。

■御路桥

内金水河上五座汉白
玉桥中最宽的一座，
只有皇帝才能行走。

皇帝居住的宫殿，每一个细节都不能疏忽，皇帝每天行走的路更要好好修建。
如果皇帝在下雨天踩了一脚泥，一定会大发雷霆。
因此，工匠们用方砖来铺设整个故宫的路面。

王公桥
御路桥两侧稍窄的桥，
供皇室成员行走。

品级桥
最外侧最窄的两座桥，是文
武百官上朝的必经之路。

在重要宫殿的庭院和广场的中轴线上，有专为皇帝铺设的御路。
工匠们使用了洁白无瑕的汉白玉来铺设御路。
这样的道路在阳光下闪闪发光，犹如一条通往天际的玉带。

景山

明朝时被称为镇山，主要是为了镇压"元朝的王气"。

到了清朝，又改名为景山。

在修建新宫殿的过程中出现了一个令人头疼的问题——产生了大量建筑废料。

这些废料如果被随意丢弃在一旁，实在有伤大雅。

然而，要想将它们扔得远远的，又费时费力。

面对这一难题，工匠们愁眉不展。

这时，有人出了一个主意：何不用这些废料堆一座土山呢？

说干就干，工匠们齐心协力，将这些废料运到了故宫北面。

不久后，一座小山便形成了。

它不仅解决了建筑废料的问题，还成为故宫的一道天然屏障。

每当冬季来临，这座山便如同故宫的守护者，

将凛冽的寒风挡住。

这座山便是景山，它位于北京的中轴线上。

它的存在使中轴线的建筑布局丰富多样，不再单调。

同时，景山还成为北京城的一道风景。

下次，当你站在景山之巅，向南眺望，
看着那一片片金色屋顶，一道道红墙时，
别忘了回想一下，
这座凝聚了无数工匠心血的伟大建筑是如何建成的。

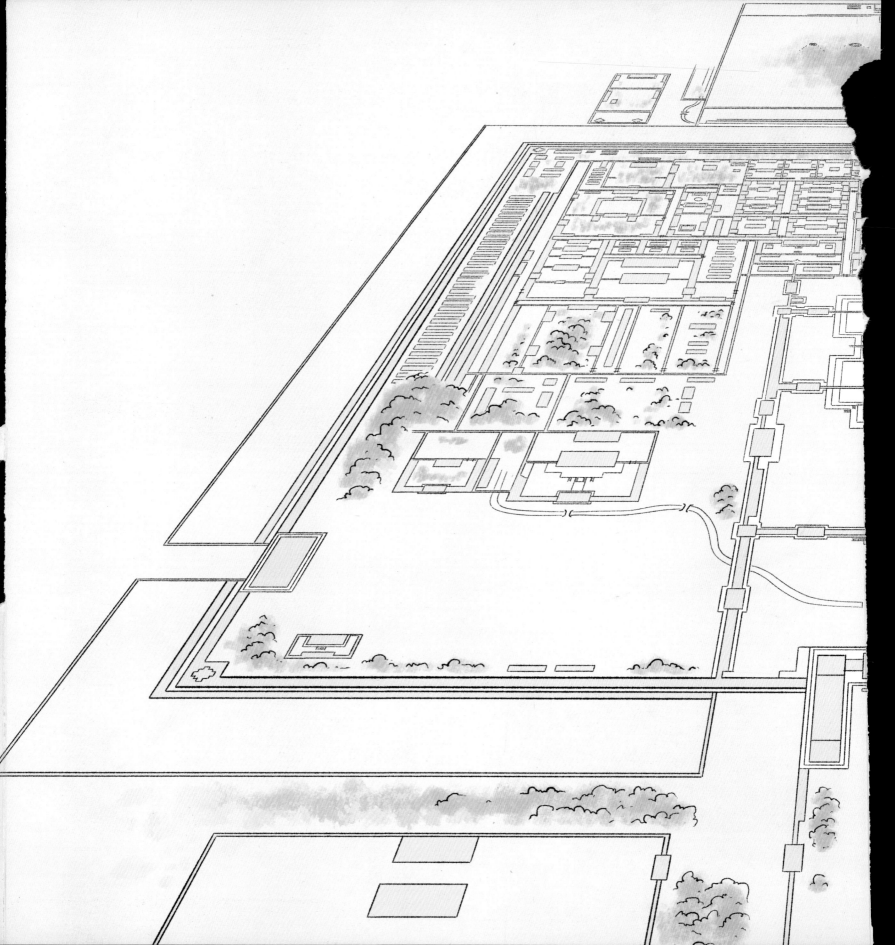